調べようごみと資源 6

水道・下水道・海のごみ

監修：松藤敏彦　北海道大学教授　　文：大角修

⑥ 水道・下水道・海のごみ
もくじ

水はめぐる
水の大循環 ……………………… 4

水を利用するしくみ
水利用の歴史をたどる ……………… 6

水道のしくみ
川から浄水場、そして家に ……………… 8

浄水場をたずねる
取水・浄水・配水のネットワーク ……… 10

水をきれいにするしくみ
浄水場の設備 ……………………… 12

より安全でおいしい水を求めて
かかせない検査と高度な処理 ………… 14

たまったどろは？
浄水したあとに残るもの …………… 16

配水所から家まで
配水池と水道のしくみ ……………… 18

水の使い方
農業用水・工業用水・生活用水 ………… 20

使い終わった水のゆくえ
下水道のしくみ ……… 22

下水処理場のしくみ
よごれた水をきれいにして放流 ……… 24

下水汚泥の処理と利用
たまる汚泥をどうするか ……… 26

下水管のしくみとくふう
下水の熱利用など ……… 28

水を大切に使うくふう
下水処理水と雨水の利用 ……… 30

水道・下水道にかかるお金
水はただではない ……… 32

世界と日本の水
安全な飲み水がないところもある ……… 34

川や湖、海のよごれ
赤潮・青潮などの発生 ……… 36

海のごみ
ごみがふえ続けている ……… 38

海をきれいにするには陸から
川をきれいにすることが大切 ……… 40

- もっとくわしく知りたい人へ ……… 42
- 全巻さくいん ……… 45

水はめぐる
水の大循環

🍃 大地と海と空をめぐる水

わたしたちが生きていくうえで、水は欠かせません。飲み水や洗たくに使う生活用水も、田畑で作物を育てる農業用水も、工場で使う工業用水も、なくてはならないものですね。

それだけではありません。森や野原に草木が生えて自然環境がたもたれているのも、水のおかげです。

水は、すがたを変えて、地上と海と空をめぐり、循環しています。雨や雪になってふった水は、森や田畑をうるおしながら川に集まり、海に流れこんでいます。その水が蒸発して空にのぼり、雨や雪になって地上にもどるのです。

川の水にいろいろなものがまざってよごれていても、蒸発して雨になると、きれいで透明な水にもどります。塩からい海の水も、蒸発すると真水になります。

わたしたちが飲み水として使う水道の水も、おふろやトイレの水も、この循環する水の一部なのです。

体の中でも水はめぐる

年齢によってちがうが、わたしたちの体重の50～80%は水分だ。しかし、同じ水がずっと体のなかにあるわけではない。食べ物や飲み物といっしょにとった水は、あせやおしっこ、うんちにまざって体から出ていく。

体に必要なものを取りこむにも、不要なものを体外に出すにも、水が大切な働きをしている。

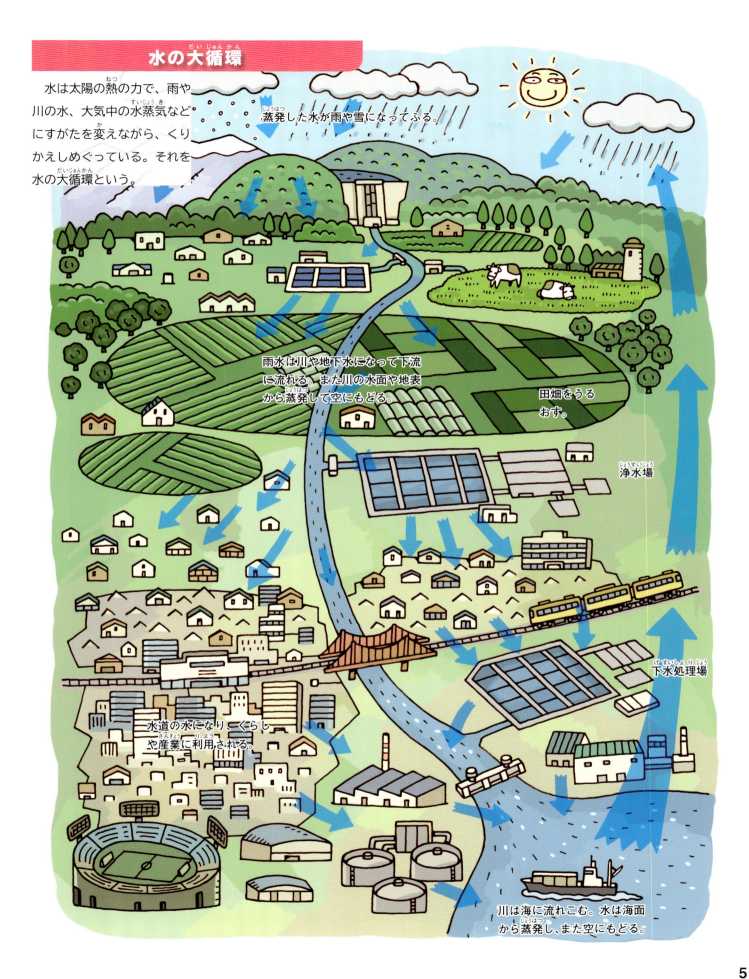

水を利用するしくみ
水利用の歴史をたどる

いろいろな土地でくふう

　生きていくのに欠かせない水を得るため、人々はさまざまなくふうをしてきました。ここでは昔から、水をどのように利用してきたかを見てみましょう。

　川の源に近い上流の家々では、わき水や川の水をひいて利用してきました。といなどを使って家まで水をひくのです。

　流れてゆくにつれ、川の水量は豊かになります。ただ、中流から下流にかけての平らな土地では、多くの人々がくらしていることもあり、水がよごれてきます。そのため、用水とよばれる大きな水路をつくって少し上流から水をひき、生活用水や農業用水として利用してきました。こうした用水のうち、水道専用の用水を上水といいます。

　いっぽうで、川から遠い台地などでは、地下水をくみ上げる井戸が発達しました。井戸は現在でも重要な水源となっています。

　また、鹿児島県や沖縄県の島々の中には、川のない島もあります。そうした島々では、地下の鍾乳洞の中を流れる水を利用したり、大きな貯水池をつくって雨水をためたりしました。

　今では浄水場からの水がかんたんに飲めますが、昔は水を得るのに苦労が多かったのです。

川の源流部の山地　わき水や上流の水などを、といなどで家々までひいて利用した。

用水と上水

今から400年ほど前の江戸時代から各地に用水や上水がつくられた。下は、江戸（今の東京）につくられた玉川上水の1715年ごろの地図。多摩川の羽村取水堰から、43kmはなれた江戸のまちまで水路をつくり、水を運んだ。

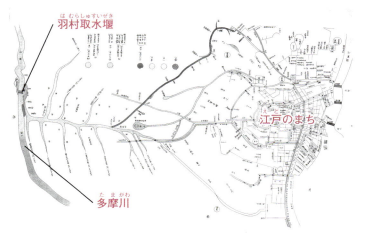

（「東京市史稿」上水編より）

羽村取水堰 今も東京の水道に利用されている（取水堰については9ページ参照）。右は、玉川上水の現在の流れ。

地下水の利用

井戸（一乗谷朝倉氏遺跡）

暗川の入り口 鹿児島県の沖永良部島では、川がないため、地下の鍾乳洞を流れる水を利用している。こうした地下の水源は暗川とよばれる。

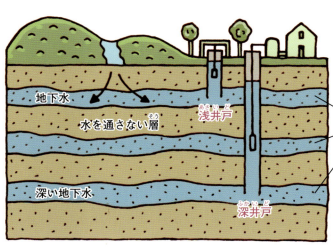

水をふくんでいる層 砂などの層の中を地下水がゆっくり流れている。

井戸 井戸は、地面を深くほって地下水をくみあげるしくみ。川からはなれた台地などでよく利用されてきた。

水道のしくみ
川から浄水場、そして家に

🌱 水道の水は川から

わたしたちが毎日使っている水道水のもとは、おもに川の上流から流れてきた水です。

川の上流の山々は、森林におおわれています。水の源になる雨や雪の水をたくわえている森林なので、水源林といいます。

また、川の上流には、たいていダムがつくられています。川を流れる水の量は季節により変化するので、その量を調節するのがダムの役目です。

ダムから川へと流れた水は、川のとちゅうに設けられた取水堰から浄水場に取りこまれます。

浄水場で飲み水用にきれいにされた水は、配水所とよばれる施設にいったんためておき、そこから家や学校、工場へと、配水管（水道管）を通して送られています。

上水道のしくみ

くらしに使う水の水道を上水道という。川から水を取りこみ、浄化して、家々に送る。

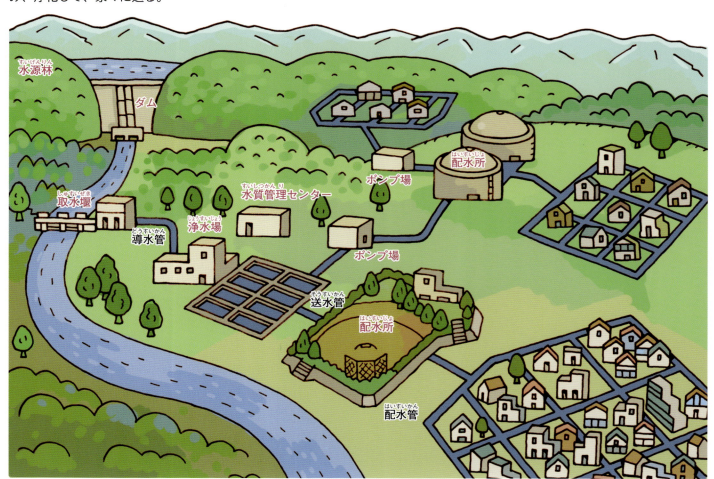

水源林 川の上流の森は、水をたくわえる働きをする水源林として保護されている。

相模ダム 富士山のふもとの山中湖から流れる相模川をせきとめてつくられたダム。上は相模湖。

水源林は、わたしたちが水を利用するために、とても大切です。

取水堰 川から浄水場に送る水を取りこむ施設。

浄水場をたずねる
取水・浄水・配水のネットワーク

神奈川県横浜市の水道

下の地図は、横浜市民が使う水道水の取水堰と浄水場を結ぶルートをあらわしています。

横浜市は、約370万人の人がくらす大きな都市です。この大都市に必要な水道の水は、取水堰から取りこまれ、導水管を通して西谷・小雀など、7か所の浄水場に送られています。浄水場でできた水道水はいちど配水池にためられてから配水所へ送られ、朝・夕方は使用量が多いといった、生活サイクルの変動に合わせて水を送り出します。

また配水管は浄水場どうしでつながっていて、どこかで水がたりなくなると、余裕のあるところから送ることができるしくみになっています。

右下の写真は、西谷浄水場です。ここでは1日35万6000m³の水道水をつくることができます。横浜市の1戸あたり1日の水使用量（約450ℓ）で計算すると、約79万戸分にあたります。

横浜市の水源と浄水場の配置

横浜市は5つの水源があり、川の上流には4基のダムがつくられている。川の水は5か所ある取水堰（取水施設）から取られ、浄水場へと送られる。なお、これらの水源は、神奈川県の水道施設も利用している。

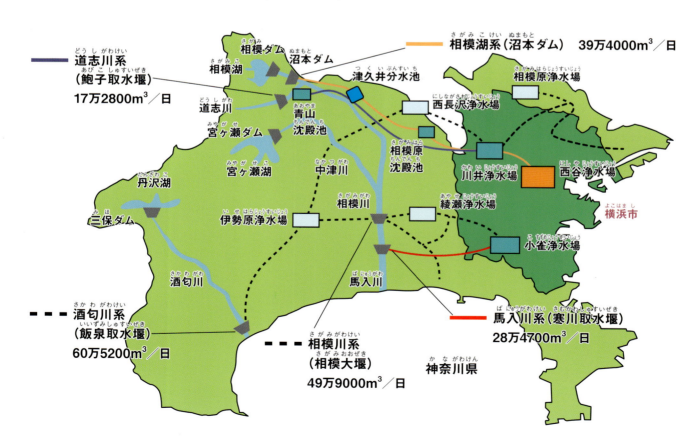

沼本ダム 相模湖から流れ出した水を取水する施設。ここで取水した水が西谷浄水場へと送られる。

相模湖 相模川の上流につくられたダムの貯水湖。

西谷浄水場をたずねる

横浜市では1887（明治20）年に水道がつくられた。それは日本ではじめての近代的な水道だった。この西谷浄水場は1915（大正4）年につくられ、100年以上も続いている歴史のある施設だ。

西谷浄水場の入り口

1年中、休みなく

水道の水は、生活に1日も欠かせません。そのため、浄水場では1年中、わたしたちが交代で、昼も夜も働いています。

災害時でも水をとどけなくてはならないので、水をためておける配水池という施設があります。配水池では大地震で水道管がこわれても、かならず水が確保できるようにくふうされています。

西谷浄水場 横浜市の3つの浄水場のひとつ。沈殿池・ろ過池などがならんでいる（12ページ参照）。

11

水をきれいにするしくみ
浄水場の設備

取水から送水まで

　川などから浄水場にとりこんだ水を「原水」といいます。安心して飲むことができる水道水のもとになる水という意味です。

　浄水場では、大きく分けて4つの順で、原水を水道水にしています。①着水、②沈殿、③ろ過、④消毒です。

　この浄水場の原水は、およそ42kmはなれた取水施設から、太い導水管で送られてきます。この原水が水道水になるまでを見てきました。

西谷浄水場のコントロール室 施設の全体をコントロールしている。

川の水が水道水になるまで

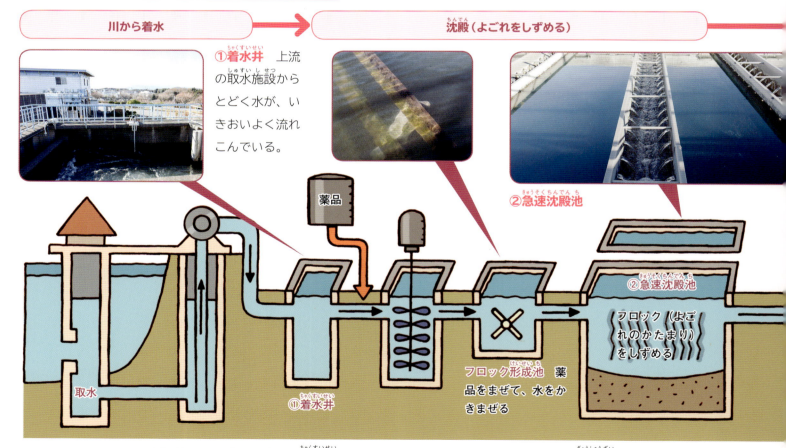

| 川から着水 → | 沈殿（よごれをしずめる） |

①着水井 上流の取水施設からとどく水が、いきおいよく流れこんでいる。

②急速沈殿池

川や湖から取水した水は、着水井にとどく。その水は沈殿池に送られる。

水中の目に見えないよごれを凝集剤で大きなかたまり（フロック）にして、取りのぞく。

12

西谷浄水場の施設

西谷浄水場には、浄水場のなかに配水池がある。配水池は地下にあり、上はグラウンドになっている（18ページの写真）。

①着水井
②沈殿池
③ろ過池
④消毒設備
⑤配水池
⑥洗浄水槽
⑦排泥池
⑧濃縮池
⑨管理棟
⑩排水池

（参考：横浜市西谷浄水場の平面図）

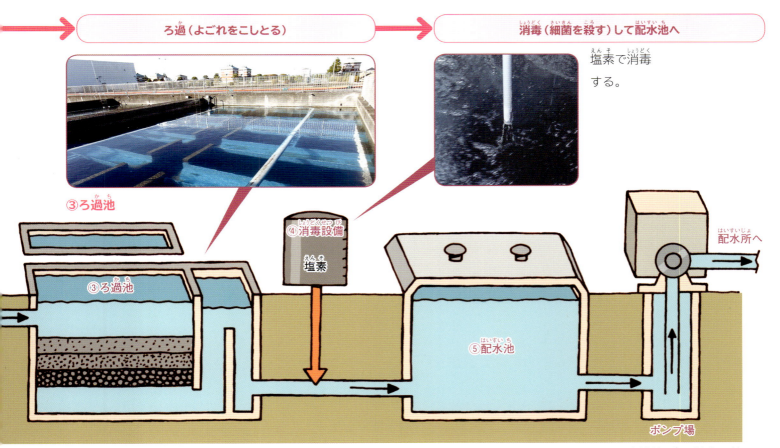

ろ過（よごれをこしとる）

消毒（細菌を殺す）して配水池へ

塩素で消毒する。

沈殿池で取りきれなかったよごれは、ろ過池の砂や砂利の層を通して取りのぞく。

ろ過池でよごれをこしとった水は、消毒設備で塩素を加えて、安全な飲み水にし、配水池へ送られる。

より安全でおいしい水を求めて
かかせない検査と高度な処理

水の検査

浄水場では、きれいにした水を検査して、飲んでも安全であることを確かめます。

にごりやにおいを調べたり、魚のいる水槽に入れて、水質に問題がないかどうかを確かめたりしています。そうした検査をしてから、水を配水します。

高度な浄化

ふつうの浄水方法に加えて、さらに高度な浄水方法（高度浄水処理）をとることもあります。オゾンというガスや、活性炭という物質を使って、浄化する方法です。活性炭には、においのもとやよごれをすいつける働きがあるので、より安全でおいしい水道水がつくれます。

浄水場の水質検査

浄水場では、送り出す水を安心して飲んでもらえるように、いつも水質を検査している。

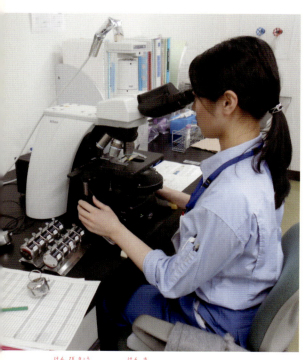

顕微鏡による検査 水にまざっているものを調べている。

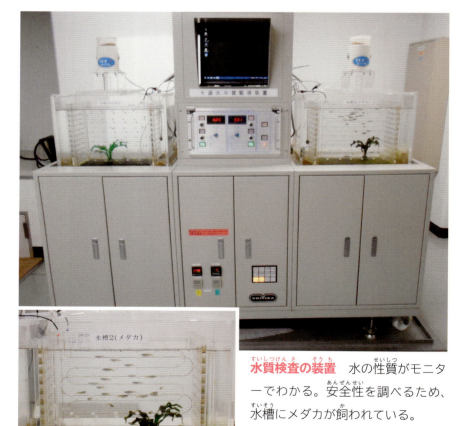

水質検査の装置 水の性質がモニターでわかる。安全性を調べるため、水槽にメダカが飼われている。

高度浄水処理

浄水場で水を浄化するとき、オゾンというガスをふきこむ。オゾンはよごれを分解する力が強いので、においのもとになるものを取りのぞくことができる。

オゾンをふきこんでいるところ　　　　　　　　　　　　　　　　**オゾンを発生させる装置**

海水の淡水化

海水から塩分をとりのぞくことができれば、飲み水として利用できる。それにはいくつかの方法があるが、いちばんかんたんなのは蒸留だ。海水をわかして蒸発させた気体は、冷やすと真水の露になる。

ただ、蒸留してたくさん真水をつくるには、大量のエネルギーが必要だ。そこで、逆浸透膜という特殊な膜を通して、塩分を取りのぞく技術が利用されている。専用の施設が必要で、大きな費用もかかるが、真水を得にくい離島や、砂漠が多く水にめぐまれない国で使われている。

逆浸透膜が使われている海水の淡水化施設

（逆浸透膜の写真：東レ）

たまったどろは？
浄水したあとに残るもの

🍃 どろがたまる

浄水場の仕事は水をきれいにすることですが、とりのぞいたよごれが消えてしまうわけではありません。沈殿池で上ずみのきれいな水をとったあとには、たくさんのよごれをふくんだどろ水（汚泥）が残ります。

よごれた水は、まず、排水処理のための池に送られます。そこで、どろをしずめて取りのぞきます。水は沈殿池にもどし、どろは水をしぼると、脱水ケーキ（浄水発生土）という土のかたまりになります。この脱水ケーキは、セメント材料などに利用されています。

西谷浄水場の汚泥処理をしている建物

よごれた水とどろの処理

沈殿池にたまったどろ ➡ 排泥池

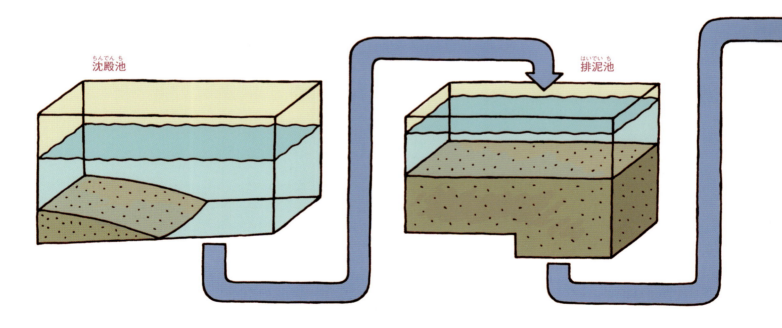

沈殿池の底には、どろをぬくあながあいている。そこから、どろを水といっしょにぬく。

ぬきとったどろ水は排泥池にためて、濃くする。

排泥池

脱水機

濃縮池

脱水ケーキ

どろ水から水をできるだけのぞく

どろと水をわける

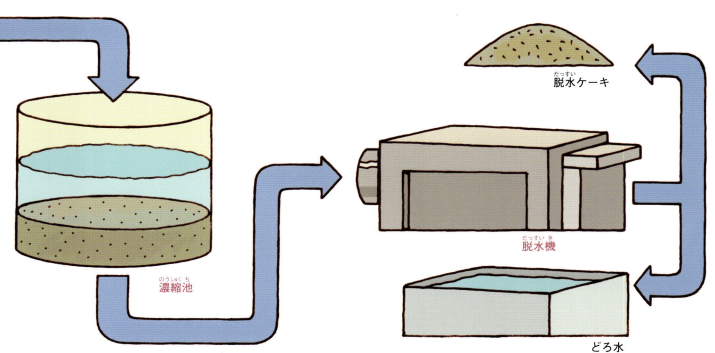

排泥池で濃さがましたどろ水は、さらに濃縮池で水分をへらす。

濃縮池でじゅうぶんに濃くなったどろ水は、脱水機に送られて、よぶんな水分が取りのぞかれる。このどろを脱水ケーキ（浄水発生土）とよぶ。取りのぞかれた水は、ふたたび浄水場に送られる。

17

配水所から家まで
配水池と水道のしくみ

蛇口をひねれば水が出るわけ

水道の蛇口をひねると、何もしなくても水が出ます。蛇口やホースの口を上に向ければ、噴水みたいにふき上がるほど、いきおいがあります。圧力をかけて水が水道管に送られているからです。

浄水場の水は、太い送水管を通って配水所（給水所）へと送られます。配水所からは、道路の下にしかれた配水管へと流れ、そこからだんだん細い配水管へと分かれていきます。そして直径25mmほどの給水管を通って家々にとどきます。

横浜市の西谷浄水場では、家の3階までは蛇口をひねれば水が出るくらいの圧力で、水を送り出しています。

でも、それでは高いビルや、マンションの4階より上には水がとどきません。そのような高いビルやマンションでは、それぞれにポンプや給水タンクなどの設備をつけて、どの部屋にも水がとどくようにしています。

水が浄水場から家にとどくまで

西谷浄水場の配水池 配水池は大きなプールのような貯水池だ。せっかくつくったきれいな水にごみが入ったりしないように、全体にふたがしてある。西谷浄水場の配水池は地下にある。その上でサッカーができるほど大きい。そこからさらに配水所へ送られる。

配水所から水を配るとき、低い建物は、直結給水方式。高い建物は、貯水槽水道方式で水が送られる。

災害のときの水

消火栓 水道の配水管につながっている。火事になったとき、消防車がつないで放水する。

給水車 地震などで水道管がこわれて断水した地域に水をとどける。この写真は給水訓練のようす。

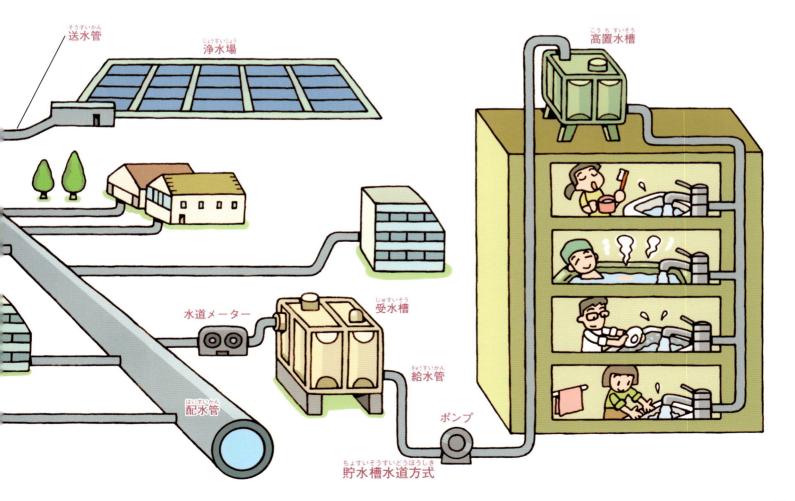

水の使い方
農業用水・工業用水・生活用水

降水量と水利用量

　降水量とは、雨や雪として地面にふった水の量のことです。さいわい日本は恵まれていますが、雨が少なく、水が不足している国や地域もあります。

　日本では降水量の13％ほどを農業、工業、生活などに使います。飲料水、ふろ、洗たくなどの生活用水が利用量の5分の1をしめています。

生活用水は、水洗トイレやシャワーなどが広まるにつれて、たくさん使われるようになったのよ。

水は何に使われているか

　全国の水の使用量のうち、いちばん多いのは農業用水だ。生活用水はその次に多い。

　工業用水は工場内でリサイクルしていることも多く、全体としては使用量が少ない。

1年間の水の利用量

合計 781億m³ 2010年
農業用水 544
生活用水 135
工業用水 102

国土交通省『日本の水資源の現状・課題／水の利用状況』

水をたたえた水田　お米がつくれるのは、水があるおかげだ。

製紙工場内の浄水池　紙づくりに使用した水を工場内できれいにしている。

家庭での水の使い方

生活用水では、ふろ・トイレ・炊事・洗たくの順番に使う水が多い。1人1日およそ300Lの水を使う。

東京都水道局「一般家庭水使用目的別実態調査」2012年度

生活用水の使用量の変化

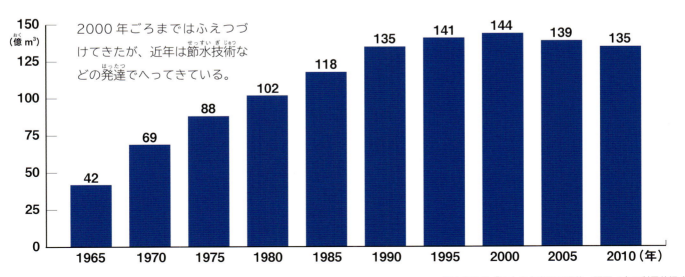

2000年ごろまではふえつづけてきたが、近年は節水技術などの発達でへってきている。

国土交通省『日本の水資源の現状・課題／水の利用状況』

使い終わった水のゆくえ
下水道のしくみ

下水道とは

生活用水を家庭や事務所・お店などに送りとどける水道を上水道というのに対し、生活排水（使い終わった水）を集める水道を下水道といいます。

生活排水とは、トイレやおふろ、台所などから流れ出る水です。下水管に流し、下水処理場に集めて浄化してから、もとの川の下流や海に放水しています。

このような下水道は、川の流れにそった地域のいくつもの市町村にまたがっていることもあり、流域下水道とよばれます。

下水道がないところでは

下水道は、人口が多く家やビルが集まっている都会で普及しています。しかし、広い地域に家や集落が散らばっている農村や山村では、あまり普及していません。

下水道がない地域では、浄化槽という設備がよく使われています。トイレや台所の汚水を家ごとに処理できる設備です。

下水道のしくみ

マンホールのふた 地下の下水道などを点検・修理・そうじするための入り口。

浄化槽の2つのタイプ

使い終わった水を家ごとに浄化槽で浄化して、川に放水している。

単独処理浄化槽

トイレの水だけを浄化して流す。

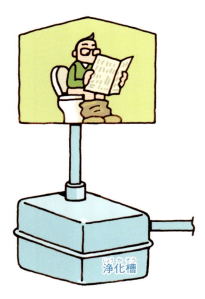

合併処理浄化槽

トイレの水のほか、ふろ、台所などの生活排水をいっしょに浄化して流す。

浄化槽の内部はよごれを分解する微生物がいる水槽になっている。汚泥は底にたまり、その上部の水を流す。

横浜市の北部第二水再生センター 横浜市の下水処理場のひとつで、東京湾のそばにある。

下水処理場のしくみ
よごれた水をきれいにして放流

しくみは浄水場と似ている

下水道を通って集められた下水（生活排水）は、下水処理場できれいにしてから、川や海に流します。浄水場と同じように、水のよごれをしずませ、消毒しますが、下水処理場の特色は、大きなばっ気槽があることです。微生物の入ったどろ（活性汚泥）を下水に入れ、微生物が活動しやすいように空気をふきこむ設備です。そうすることで、下水のよごれを微生物が食べてくれるのです。

下水処理場で浄化して流す水には、国の基準が定められていて、川に魚や昆虫がすみ、水鳥のすみかにもなるくらいきれいにします。

中央コントロール室
下水処理が安全に進行しているかチェックするところ。

よごれた水を川に返すまで

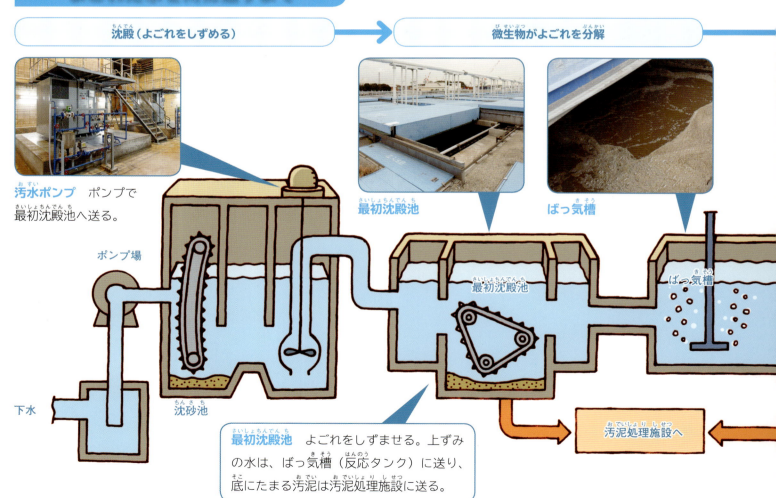

沈殿（よごれをしずめる） → **微生物がよごれを分解**

汚水ポンプ ポンプで最初沈殿池へ送る。

ポンプ場／下水／沈砂池／最初沈殿池／ばっ気槽

最初沈殿池 よごれをしずませる。上ずみの水は、ばっ気槽（反応タンク）に送り、底にたまる汚泥は汚泥処理施設に送る。

汚泥処理施設へ

水中の微生物

水の中の微生物には、２つの種類がある。ひとつは、空気がふきこまれて酸素がよくとけこんでいると元気になる微生物。この種類の微生物は、よごれをさかんに食べて分解する。数がふえるので、活性汚泥というかたまりになる。それは汚泥処理施設へ送る。

もうひとつの種類の微生物は、酸素がない水中で活動する。よごれを食べるが、いやなにおいのするものをつくる。しかし、この種類の微生物がつくるメタンガスを燃料として利用することができる。27ページの消化タンクでは、この種類の微生物が活動している。

ばっ気槽の中の微生物の例

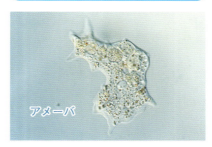
アメーバ

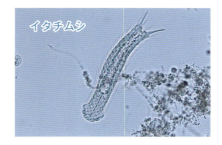
イタチムシ

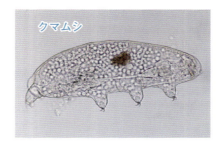
クマムシ

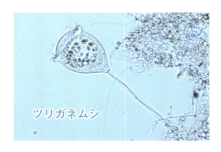
ツリガネムシ

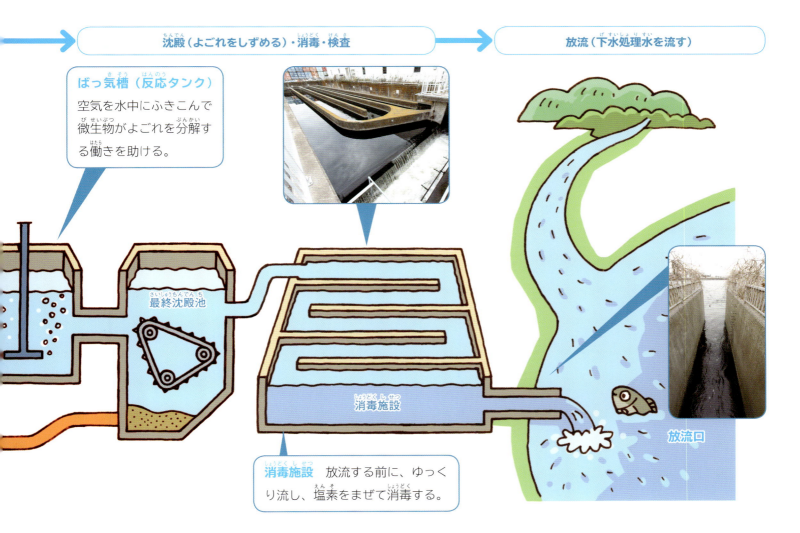

沈殿（よごれをしずめる）・消毒・検査 → 放流（下水処理水を流す）

ばっ気槽（反応タンク） 空気を水中にふきこんで微生物がよごれを分解する働きを助ける。

最終沈殿池

消毒施設

消毒施設 放流する前に、ゆっくり流し、塩素をまぜて消毒する。

放流口

下水汚泥の処理と利用
たまる汚泥をどうするか

🍃 下水汚泥とは

前のページの下水処理では、微生物が生活排水をきれいにしたときに活性汚泥の量がふえます。これは、水のよごれ（有機物）を食べてふえた微生物のかたまりで、下水汚泥とよびます。

下水汚泥は水と有機物からできているので、専用の焼却施設で燃やし、燃え残った灰をうめたてます。また、水をぬいてレンガやセメントの原料としても使われています。

🍃 下水汚泥をいかす

下水汚泥は栄養分に富んでいます。その性質をいかして肥料にしたり、メタンガスや水素を取り出して、自動車や発電の燃料にするなどのくふうがかさねられています。

下水のどろも役に立つのね。

下水汚泥の処理の流れ

汚泥を濃縮して消化タンクでガス化し、残りを脱水する

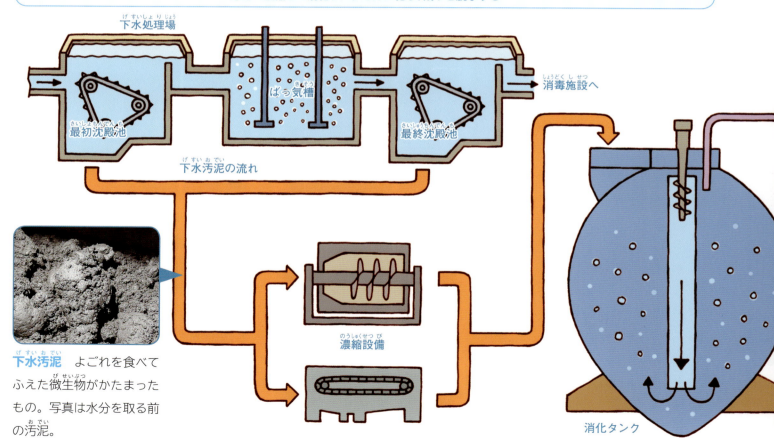

下水汚泥 よごれを食べてふえた微生物がかたまったもの。写真は水分を取る前の汚泥。

消化ガスで発電機をまわす

ガスホルダ 消化ガス（メタンガス）をためておくタンク。

ガス発電機 下水汚泥を分解させてつくったメタンガスを燃料として発電機を動かしている。

焼却

北部汚泥資源化センターの消化タンク 1か月くらいかけて微生物でよごれを分解する。発生する消化ガス（メタンガス）は上部から取り出し、発電の燃料などに利用する。

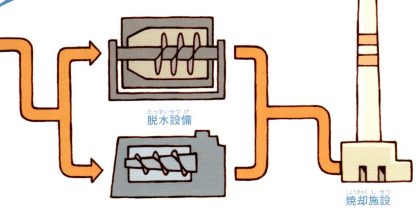

脱水設備

焼却施設

焼却施設 汚泥を燃やして処理する設備だ。その熱を利用して蒸気を利用する発電もしている。灰はセメントや下水管の原料にしたり、うめたてたりして処理する。

下水管のしくみとくふう
下水の熱利用など

下水管のしくみ

下水管は家々やビル、工場から生活排水を集めて処理場に運ぶパイプで、道路の下にうめられています。

下水道には、生活排水を集めるほかに、もうひとつ、大きな働きがあります。雨水を集める排水路の働きです。とくに地面の多くが、ビルや道路のコンクリートでおおわれている都市の中心部では、排水路がなければ、大雨がふると、洪水になってしまうのです。

そこで、雨水用の排水路をつくったり、生活排水と同じ下水道に流したりして、都市型の洪水をふせいでいます。

直径8.5mもある大きな下水管もあるそうだよ。すもうの土俵の2倍くらいなんだって。

いろいろな下水管

下水管の形や大きさはいろいろ。家々から流れ出す下水（生活排水）の量は、処理場に近づくほど多くなるので、下水管も太くなる。

小さな下水管 家々の近くにうめて下水パイプをつなぐ。写真はその工事中の様子。

大きな下水管 直径がおとなの背の2倍ぐらいある。雨水の下水路にも使われている。

下水管のくふう

　家々から流れ出す下水は、下水管を少しななめにして、水が自然に流れていく「自然流下式」とよばれるしくみで集められている。土地には高低差があるので、「強制流下式」といって、いったんポンプで水をあげているところもある。

自然流下式と強制流下式

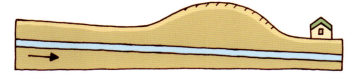
自然流下式

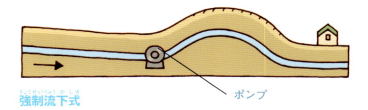
強制流下式　ポンプ

分流式と合流式

分流式　生活排水と雨水を別に流す。

合流式　生活排水と雨水をいっしょに流す。

下水の熱利用

　下水の温度は、夏は気温より低く、冬は気温より高い。この温度差を利用して、ヒートポンプという技術を使い、冷房や暖房を行っているところがある。このように下水の熱を利用する計画が、各地ですすめられている。

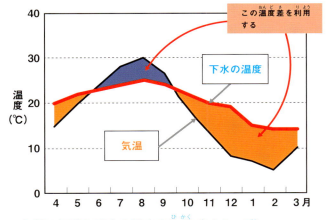
1年間の気温と下水の温度の比較（イメージ）
（国土交通省『下水でスマートなエネルギー利用を』による）

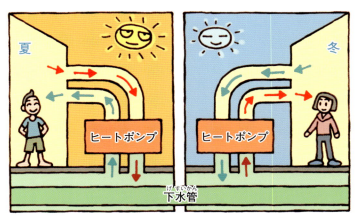
ヒートポンプの熱の流れ　矢印が熱の流れ。夏は熱が下水に出ていく。冬は逆に下水の熱が室内に取りこまれる。

水を大切に使うくふう
下水処理水と雨水の利用

中水道と処理水

下水処理場できれいにした処理水をトイレ用、ビルのそうじ用などに使えるようにする水道があります。飲み水の上水道と、汚水の下水道の中間の水道ということで、「中水道」といいます。水をリサイクルして大切にするくふうです。

下水処理水はまた、公園の花壇にまく水、建設現場などでほこりをふせぐためにまく水、親水公園の水、小川に流して自然環境を再生するための水など、さまざまに利用されています。

雨水の利用

地面に水がしみこみにくい都市では、下水道に流すことの多い雨水も、うまくためれば、洪水をふせぐだけでなく、洗車・打ち水などに使えます。また、地震などの災害がおきたときの水源にもなります。水道がとまったとき、とくにこまるのがトイレの水ですが、その水に雨水が利用できれば、大変助かります。

そうした雨水の利用が、いろいろなところですすめられています。

中水道のしくみ

下水処理水のいろいろな利用

処理水を利用したせせらぎ（東京都の野火止用水）

下水処理水の販売所　工事現場でほこりがたたないようにまく水などにする。（神奈川水再生センター）

雨水の利用

　大きな屋根のドームには、雨水をためる設備をもつところがある。下の写真は秋田県大館市の大館樹海ドーム。世界最大級の木製のドームで、サッカーや野球などさまざまなスポーツやイベントに使われている。

　このドームは、屋根にふった雨を、地下に4320トンもたくわえることができる。ためた雨水は中水道としてトイレやそうじなどに使われている。

雨水をそのまま流してしまうのは、もったいないよね。

大館樹海ドーム

水道・下水道にかかるお金
水はただではない

水道と下水道の料金

これまで見てきたように、水道も下水道も大きな施設をつくり、ポンプなどに電力を費やして運営されています。運営の責任は市町村がもっていますが、費用は利用者が負担するのが原則です。

水道料金は月ごとの使用量によって家ごとに請求されます。下水は上水道の使用量から計算して、上水道の料金とあわせて請求されるのがふつうです。

水道の料金は地区ごとにちがいますが、なにしろ水はだれにとっても欠かせないものですから、むやみに高くするわけにはいきません。

そのため、上水道の基本料金はどの地区でも1L当り0.1～0.2円ほどで、ペットボトルの水よりずっと安くおさえられています。

横浜市の水道料金の例

横浜市を例にとると、上水道の基本料金は2か月あたり16㎥までで1580円。16㎥の料金を1Lあたりにすると約0.1円となる。

下水道の料金は、16㎥までの基本料金が1260円で、1Lあたりにすると約0.08円。ただし上水道・下水道ともに、それをこえて利用したばあい、量が増えるにつれて1㎥あたりの料金も高くなる。少ししか水を使わない家は安く、たくさん使う家は高くなるしくみだ。

水道のメーター 家ごとにつけられ、数字と針で使用料がしめされる（計器は東京都の例）。

下水道の工事 下水道がこわれたら、すぐに修理する。そうした工事費も、集められた水道料金から支払われている。

1戸あたりの水道料金

右の写真は、東京都で家庭に上下水道の料金を知らせる通知の例。1か月の水の使用量、それによる上水道と下水道の料金がわかるようになっている。

総務省によると、全国平均の1世帯あたりの上下水道の料金は2015（平成27）年の平均では次のとおりだった。

2人世帯（家族）	4222円
3人世帯（家族）	5326円
4人世帯（家族）	5978円
5人世帯（家族）	7173円
6人世帯（家族）	9002円

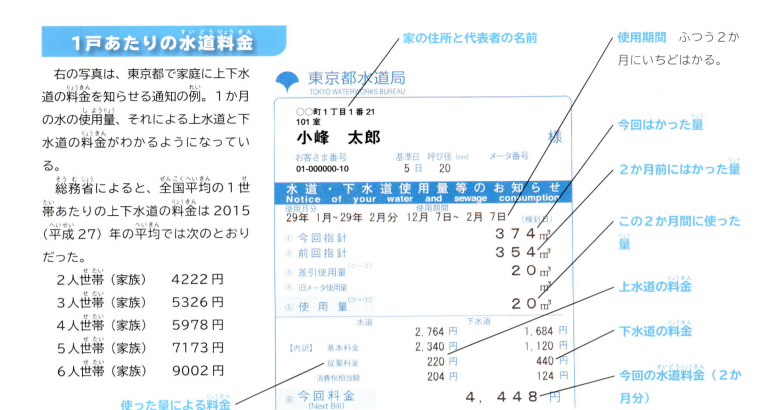

上下水道で使うお金

下のグラフは、水道と下水道にかかわる横浜市の収入と支出をしめしている。

水道の収入の多くは、水道料金だ。支出のうち減価償却費とは、施設の建設にかかわる費用だ。そのほか、動力費、修繕費など、全体の施設の維持に多くの費用がかかっている。

下水道の費用は、水道より多くかかっている。その費用の多くも施設を建設したり、維持したりするためのものだ。

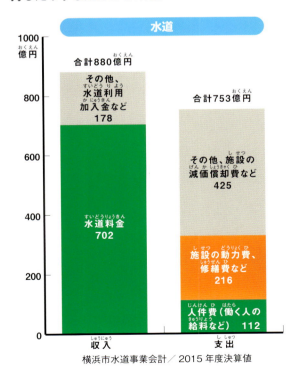

横浜市水道事業会計／2015年度決算値

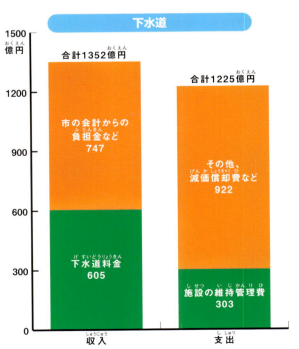

横浜市水道事業会計／2015年度決算速報値・収益的収支の計

世界と日本の水
安全な飲み水がないところもある

水は不平等

　日本列島は、降水量が豊かなところです。しかし、人口1人当たりの降水量は世界平均の30％ほどしかありません。水道のしくみがととのっている今でも、雨が少ない年には、ダム湖の水がどんどんへってしまい、節水をよびかけられることがあります。降水量の少ない地域などでは、毎年のように水不足になやんでいます。

　世界では、おふろやトイレ用の水どころか、1ぱいの飲み水さえ手に入れるのがむずかしい地域もあります。乾燥して草木がわずかに生えているようなところにも、人はくらしているからです。

　いっぽう、水はいっぱいあるのに、安全な飲み水がなくて、こまっている人々もいます。雨が多い熱帯の海辺のようなところです。毎年、洪水におそわれるくらい雨がふるのに、よごれた水しかなくて、伝染病で死んでしまう子どももたくさんいるのです。

　そんな地域にくらす人たちが安心して水を飲めるように協力している日本人もいます。

安全な水を手に入れられる人の割合

世界には、水をきれいにする施設がないために、よごれた水をそのまま飲んでいる地域がある。

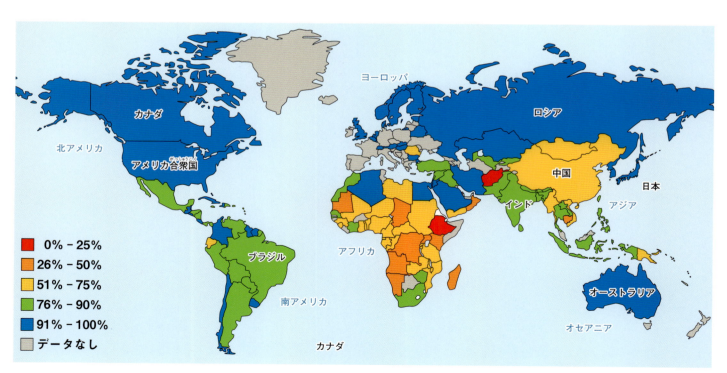

国土交通省「水資源に関する世界の現状」より作成

1人当たりの降水量

日本は雨や雪が多く、水が豊かな国だと思われている。しかし、国連の調査によると、国民1人当たりの降水量は世界平均の30％ほどにすぎない。日本でも水はかぎられた資源だ。

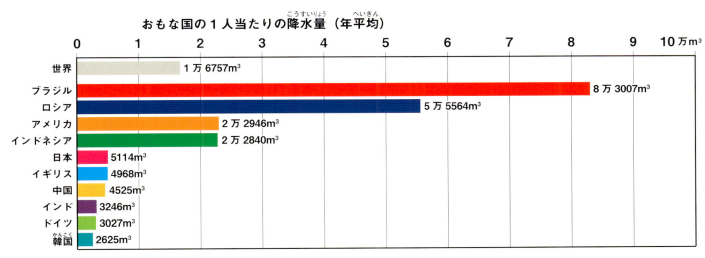

おもな国の1人当たりの降水量（年平均）

世界	1万6757m³
ブラジル	8万3007m³
ロシア	5万5564m³
アメリカ	2万2946m³
インドネシア	2万2840m³
日本	5114m³
イギリス	4968m³
中国	4525m³
インド	3246m³
ドイツ	3027m³
韓国	2625m³

国土交通省「世界各国の降水量等」より作成

くらしの水でこまっている人々を助ける活動

安心して飲める水を手に入れにくい人のために、日本の政府や民間の団体がさまざまな活動をしている。

アフリカのケニアでの井戸掘り アフリカのケニアで日本の民間団体が井戸掘りをしているところ。上総掘りといって、人力だけで深い井戸を掘ることのできる日本の技術をいかしている。
（写真提供：JICA／佐藤浩治）

アフリカのスワジランドでの雨水利用の設備 遠くの井戸や泉まで飲み水をくみに行っているところがある。そうして飲み水を手に入れても、食器を洗う水などによごれた水を使うため、病気の原因になる。写真のタンクは屋根にふった雨水を貯めておくもので、その水が食器洗いに利用されている。日本の援助でつくられた設備だ。（写真提供：JICA）

川や湖、海のよごれ
赤潮・青潮などの発生

川や海がよごれた理由

　日本で産業が発展して、都市の人口が急にふえた1960年から1970年代のことです。都会を流れる川がどろどろによごれることがおこりました。

　その川が流れこむ湖や海もよごれて、ヘドロがたまりました。ヘドロは、生活排水や工場排水にふくまれるよごれが、どろのようにたまったものです。悪臭もするし、なにより川や湖、海の水質を悪化させます。赤潮や青潮が発生することもよくありました。

　そのころはまだ、工場で廃水を浄化するしくみや、生活排水をきれいにする下水道が発達していなかったので、よごれた水が川や海に流れこみ、水質を悪化させたのです。

　それを改善するために、下水道の整備が進みました。しかし、38ページに見る海ごみの問題などは、いっそう深刻になっています。

よごれがひどかったころの海

　日本で産業が発展し、都市の人口や工場がふえたころ、沿岸の海の水が大変によごれた。この写真は、1971（昭和46）年に撮影されたもので、東海工業地域にある静岡県富士市の田子の浦港の様子だ。

田子の浦港では、水質の悪化により、よごれが泡になって海面をおおってしまうほどだった。

海底にたまったヘドロをクレーンですくい取って、へらすことも行われた。

赤潮・青潮が発生する場所

赤潮・青潮は海の水が入れかわりにくい湾、人口が多い大都市や、大きな工業地帯に近い海で発生することが多い。いずれも水の中の酸素がへってしまうため、魚が大量に死んだりして、漁業に被害がでる。下水道が普及している今でも、赤潮・青潮は発生している。

赤潮がおこりやすい海域（理科年表による）

赤潮 海面が赤くそまって見える。（2015年・静岡県熱海市）

赤潮・青潮が発生するわけ

赤潮は、水中の植物プランクトンが異常にふえることによって、海や川などの水が変色する現象だ。水の色が赤く見えることが多いので赤潮とよばれる。生活排水や工場排水にふくまれるリンやチッ素といった栄養分が、自然のバランスがくずれるほどにふえること（富栄養化）が原因だ。

青潮は、青黒く見える海水のかたまりだ。ヘドロ（汚泥）がたまって無酸素状態になった海水が海底からわきあがり、貝や魚が死んでしまうようなことがおこる。

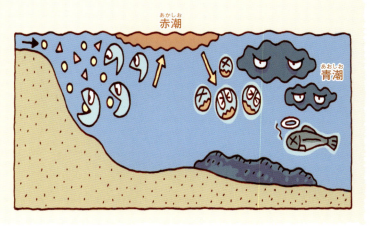

海のごみ
ごみがふえ続けている

よごれる海

　下水道の整備などがすすみ、都会の川も湾内も昔ほどヘドロ、赤潮や青潮が目立たなくなりました。しかし、浜辺にいくと、いろいろなごみが流れついています。

　海のごみは、浜辺だけでなく、海の中や海の底でも見つかっています。

　大きくて目に見えるごみだけではありません。毒性が強いために使用が禁止された農薬のDDTやPCB（ポリ塩化ビフェニール）が今も海水にとけこんでいます（43ページ参照）。

ただようプラスチックごみ

　大きな問題になっているのは、プラスチックごみです。プラスチックは自然の中で分解されにくく、長く海中でただよったりしているうちに、小さな破片になっていき、やがてマイクロプラスチックとよばれる小さな粒になります。

　これをえさとまちがえて、小魚や貝が食べてしまうことがあります。じっさいに各地で、魚の体内からマイクロプラスチックが見つかっています。このマイクロプラスチックに、PCBなどがくっついていることもあります。

海岸に打ち寄せられたごみ　ペットボトルなどのプラスチック製品が目立つ。（三重県）

＊DDTは農薬の殺虫剤の一種。PCBはプラスチックの一種で電気器具の回路によく使われた。

プラスチックごみと海の生き物

海をただようプラスチック製の漁網やロープが体にからみついたり、海中にただようプラスチックごみをえさとまちがえて食べてしまい、消化できなくて死ぬ海の生き物もいる。

下の写真は、JEANの提供。JEANは、日本環境アクションネットワーク（Japan Environmental Action Network）の略で、海のごみ問題に国際的に取り組んでいる民間の団体だ。

プラスチックを飲みこんでいる海鳥の死がい（写真提供：一般社団法人JEAN、http://www.jean.jp）

砂浜のプラスチックごみ 小さくくだけて粒になっている。5mmより小さいものが、マイクロプラスチックとよばれる。

海のごみの種類

海のごみというと、船からすてられたごみかと思うかもしれないが、陸地から流されたものが多い。香川県の調査では、ペットボトルやポリ袋など、87%がプラスチック製品だった。

海岸に流れついたプラスチック製品のごみ

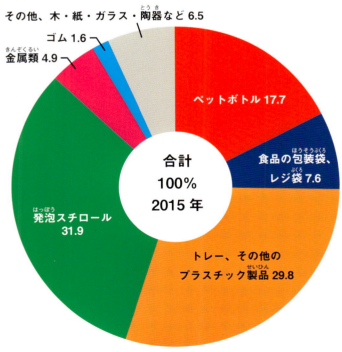

合計 100%
2015年

- その他、木・紙・ガラス・陶器など 6.5
- ゴム 1.6
- 金属類 4.9
- ペットボトル 17.7
- 食品の包装袋、レジ袋 7.6
- トレー、その他のプラスチック製品 29.8
- 発泡スチロール 31.9

香川県調査実績「海岸漂着ごみ種類割合（個数）」2015年

海をきれいにするには陸から
川をきれいにすることが大切

🌿 ごみを流さないために

　いったん海に流れてしまったごみを回収するのは、とてもむずかしいことです。しかも、海に境はないので、風にふかれたり、海流に乗ったりして、海洋をただよいつづけます。

　それがマイクロプラスチックのような小さな粒になると、手でひろったり、網ですくったりして回収するのは、ほとんど不可能です。

　川をきれいにして、海に陸上からのごみを流さないようにすることが大切です。

　浜辺のごみが海にただよいだす前にひろって、海をよごさないように活動している人々もいます。わたしたちのくらす陸からのごみが海をよごしているのですから、ごみはちゃんと処理しなければいけません。

> ごみのポイ捨てなんか、してはだめよ。風でとばされたり、雨で流されたりして、川や海に入ってしまうからね。

川のごみをひっかけて流さないくふう　川に網をはって、レジ袋やペットボトルなどのごみをとる。
（写真提供：公益財団法人かながわ海岸美化財団）

川や海をきれいにする活動

川や海をきれいにする活動は、川辺や浜辺のごみひろいなど、全国各地で行われている。

たとえば、四国の香川県では、39ページのグラフで見たように、海岸に流れ着いたごみの種類と量を調査しているほか、子どもたちも参加して、海面のごみ集めや砂浜のごみひろいなどを行っている。

瀬戸内海のごみ 瀬戸内海は陸地に囲まれている。沿岸には、香川県高松市、大阪府大阪市、兵庫県神戸市、岡山県岡山市、広島県広島市などの大きな都市や工業地域がある。そこからのごみのほか、太平洋から流れこんでくるごみもある。また、太平洋に流れ出していくごみもある。

香川県の川をきれいにする活動

川辺のごみひろい 高松市の春日川でごみひろい。

川岸に落ちているごみ 上流から多くのごみが流れついている。

集めたごみ 種類ごとに分けて、数をかぞえ、どんなごみが多いか調査している。

香川県の海をきれいにする活動

海岸でのごみひろい

海岸に流れついたごみ

海にただようごみを集める船

41

もっとくわしく知りたい人へ
水の利用とリサイクル

水の利用

　20ページに日本の水利用量のグラフがあります。日本全体で見ると、1年間に6400億m³の降水量があり、そのうち800億m³くらいが農業・工業・生活用水に使われています。

　もっと使っていいようですが、そうはいきません。もし、川に流れる水がなくなると、自然環境は破壊されます。川の魚だけではありません。川や地面から蒸発する水分がなくなれば、森林がかれたり、気候が激変したりして、人も動物もくらせなくなってしまいます。

　人間が「資源」として産業やくらしに役立てることができるものの量は、自然にあるものの一部です。地面をほって無理にとったり、むやみに使いすぎたりすると、自然のバランスをくずし、環境の悪化をまねきます。

　また、雨は日本の国土全体に同じようにふるわけではありません。地形によっても、川に流れる水の量が変わります。

　ひとつの地域で見ると、そこにくらす人が使える水資源は、その地域を流れる川の水と流域の地下水です。水源の森の木をきりすぎたり、流域の環境をよごしたりすると、水資源の不足や水質の悪化をまねくことになります。

【水源林とダム】 水源林とは、川が流れ出す上流の山々をおおう森林です。ふった雨や雪の水をためて少しずつ流し、川がかれないようにする働きがあります。また、ダムに土砂が流れこむのもふせいでいます。そのため水源林は大切に保護されています。

　ダムは、降水量が多いときに水をため、必要な量を下流に流す働きをしています。

上水道と下水道

　昔の日本では、おもに6～7ページのような方法で飲み水を手に入れました。そのころ、下水道はとくにありませんでした。

【日本初の近代的な水道】 現在のような上水道は、1885（明治18）年に、今の神奈川県横浜市でつくられました。イギリスから技師をまねいて、水をろ過する西洋式の水道をつくったのです。

【おくれた下水道の整備】 上水道にくらべて下水道の整備はおくれました。それには日本のトイレ事情が影響しています。

　昔の日本の家には、水洗式のトイレはありません。トイレの下につぼやおけをおいて、糞尿をくみとり、下肥という田畑の肥料にしたのです。糞尿のもとは、動物や植物の体をつくっていたものなので、土にもどせば、作物の養分になるのです。

　昔は、まちでもトイレはくみとり式でした。トイレの糞尿は、近郊の農家が肥料として買っていきました。それを肥料につくった米や野菜を、まちに運んで売りました。

　また、台所で洗いものをした水などが海に流れこんでプランクトンの養分になり、魚がふえました。その魚をとって食べました。

　まちと周囲の農村、近くの海の全体で、食べ物

のリサイクルがなりたっていたのでした。

【下水道の普及】人がくらしの中で出た汚水を流しても、それほど量が多くなく、自然が浄化できるうちは、くらしから出る生活排水によって環境が悪化することはありません。

ところが、1955（昭和30）年ごろからはじまった高度経済成長期に都市の人口がふえ、川や海が急によごれはじめました。生活排水だけでなく、有害な物質をふくむ工業廃水や、農薬をふくむ田畑の排水のために、川や海がよごれ、生き物がへったり、公害が発生したりしました。

そこで、工業廃水はそれぞれの工場で浄化し、生活排水は下水道で処理するようになりました。それとともに、家庭に水洗トイレも普及したのでした。

下水道の普及率の変化
（国土交通省「下水道クイックプロジェクト」他／下水道処理人口普及率）

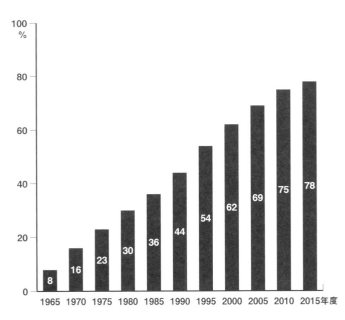

水中の微生物の働き

水がにごってくさいにおいが出るようになると「水がくさった」といわれます。しかし、水そのものがくさったわけではありません。水にまざっている有機物（生物のからだをつくっていたもの）が変質して、くさったにおいを出すのです。

【水を浄化する微生物】水がさらさらと流れている川では、水はくさりません。流れる川の水には酸素がとけこんで、よごれを分解する微生物の働きを活発にし、水を浄化するからです。

上水道・下水道でも、その働きを利用して水を浄化しています。水に酸素をふきこんで微生物の働きを助け、水を浄化しているのです。

【水をくさらせる微生物】酸素がたくさんとけている水中で有機物を分解する微生物を「好気性」といいます。水中の酸素が不足すると、好気性にかわって、嫌気性の微生物が活動します。

嫌気性の微生物も有機物を分解しますが、メタンガスのほか、くさったにおいのする物質を発生させます。川のよどんだところで、ぶくぶくと出るあわは、嫌気性の微生物がつくったガスで、おもな成分は二酸化炭素とメタンガスです。

下水処理場では、汚泥のタンクに空気が入らないようにして嫌気性の微生物を働かせ、メタンガスを発生させて、それを燃料に利用するところもあります。

海洋の汚染

川や海の汚染は、有機物によるものだけではありません。毒性が問題になったDDTのような農薬、電気設備によく使われていたPCB（ポリ塩化ビフェニール）などが、製造も使用も禁止された今でも、海に流れこんだままたまっています。

海は広いので、海水でうすまってしまうと思われるかもしれません。しかし、生物濃縮によって、ぎゃくにこくなることもあります。

生物濃縮とは、プランクトンを小魚が食べ、その小魚を大きな魚が食べるという食物連鎖のなかで、生物の体の中に汚染物質がだんだんたまって

いくことです。熊本県水俣湾の周辺で発生した水銀中毒症（水俣病）も、有機水銀の生物濃縮によっておこりました。

【海洋をただよう海ごみ】この本の最初にお話ししたように、水は地球上で大きく循環しています。川から海に流れこんでも蒸発し、また雨や雪になって地上にもどります。そうして水は循環しながら、陸地のごみやよごれを川から海へ流す働きもしています。

ところが、海に運ばれたごみは、水のように循環しません。いつまでも海中をただよっていたり、海岸や海の底にたまったままになるものが多いのです。

とくに、自然では分解しにくいプラスチックが海洋をただよい、39ページで見たように、海の生き物を苦しめています。劣化してマイクロプラスチックとよばれる小さなかけらや粒になったものに有害な物質がくっついて、魚の体内にとりこまれていることもわかっています。

いちど海に流してしまったものを回収することは、ほとんど不可能です。川や陸上をきれいにして、よごれを海に流さないことが、なによりも大切です。

海岸でひろったごみ　びんやかん、ペットボトルなど、いろいろなごみがある。（香川県）

参考になるサイト
たくさんのサイトがあります。名前を入れて検索してみてください。

水道について
- ▶キッズコーナー 東京都水道局
- ▶横浜市 水道局 キッズページ
- ▶水をつくる工場「浄水場」-キッズページ-仙台市水道局
- ▶名古屋市上下水道局キッズサイト
- ▶東京都水道歴史館

下水道について
- ▶キッズコーナー 東京都下水道局
- ▶日本下水道協会キッズページ『スイスイランド』

海のごみについて
- ▶JEAN 海ごみ
- ▶東京農工大学　農学部　環境資源科学科
（＊マイクロプラスチックなどの問題。おとな向け）

全巻さくいん

この全巻さくいんの見かた

調べたい言葉（あいうえお順） ／ 説明がある巻とページ

例 新聞紙 ········· ❷−5,10 ❺−6

→この例では、第2巻の5,10ページと第5巻の6ページ。

あ

赤潮	❻−36,37
空きかん	❶−36 ❸−14,18,19,42,43
空きびん	❸−6,8,9,11,12
アスベスト（石綿）	❶−7,32
アルミかん	❶−25 ❸−14,17〜21,42,43 ❺−30,31
アルミかんのマーク	❸−17
アルミかんのリサイクル	❸−20,21,42
アルミニウム	❶−21 ❸−14〜16,19,21,42
イタイイタイ病	❶−20,42
板紙	❷−4,12,16,43
一般廃棄物	❶−6,9,26 ❺−44
衣類（衣料）	❷−28〜38,42,44 ❺−43
衣類乾燥機	❹−12,22,42
衣類のリサイクル工場	❷−34
衣類のリユース	❷−35
飲料かん	❸−18
ウエス	❷−32,34,37,38
雨水の利用	❻−30,31
海のごみ	❻−38,39
埋め立て地	❶−30 ❺−6,18,27,36 →最終処分場も見よ
エアコン	❶−12,21 ❹−7,8,16,17,21,36,42,44
エアコンのリサイクル	❹−16
エコデザイン	❹−20,40
エコタウン	❶−38,39
エコロジーボトル	❸−10
エコロジーボトルのマーク	❸−10
汚染者負担の原則	❶−43
オゾン	❻−14,15
オゾン層	❶−21,43 ❹−7,44
汚泥	❻−16,24,26,27,37,43

か

海水の淡水化	❻−15
化学せんい	❷−26,27,42
拡大生産者責任	❶−44
家庭系廃棄物	❶−6
家電製品	❶−16,37,43 ❹−4,5,8,〜11,20〜22,42,44 ❺−9,24
家電製品のリサイクル	❹−10〜19,42
家電リサイクル施設	❹−10,11
家電リサイクル法	❶−22,23 ❹−8,9,12,42
紙製容器包装識別マーク	❷−19
紙→古紙も見よ	
紙の種類	❷−4
紙の使用量	❷−8,43
紙の生産量	❷−4,43
紙のつくり方	❷−6
紙のマーク	❷−15
紙のリサイクル	❷−8,43
紙パック	❷−11,18,19 ❸−4
紙パック識別マーク	❷−19
紙容器	❷−18 ❸−34
ガラスびん	❶−25 ❸−4,6,8,10,42→びんも見よ
ガラスびんのつくり方	❸−6
カレット	❸−6,10〜13,42 ❺−31
かん	❶−25 ❸−14〜23,42,43
かんができるまで	❸−16
環境基本法	❶−22
環境省	❶−21,43
環境（汚染）問題	❶−20〜22,43 ❹−40
危険なごみ	❶−32
牛乳パック	❷−10,11,18〜21
牛乳パックができるまで	❷−18
牛乳パック再利用マーク	❷−21
牛乳パックのリサイクル	❷−20

牛乳びん	❸−5,7〜9
拠点回収	❺−9,42
グリーン購入法	❶−22,23
グリーンマーク	❷−11
蛍光管	❶−25 ❹−15,22,43 ❺−6
携帯電話	❹−26,27,42,43
下水汚泥の処理	❻−26
下水管	❻−22,28
下水処理水の利用	❻−30,31
下水処理場	❻−22〜24,26,43
下水処理場のしくみ	❻−24,25
下水道	❻−22,24,28,32,33,36〜38,42,43
下水道のしくみ	❻−22,28,29
下水道の料金	❻−32,33
下水の熱利用	❻−29
ケミカルリサイクル	❸−44
建設リサイクル法	❶−23
公害	❶−20,22,42,43
工業用水	❻−20
降水量	❻−20,34,42
合成せんい	❷−26,27,42
高度経済成長期	❶−10〜12,16〜18,20,21,40,43 ❻−43
高度浄水処理	❻−14,15
小型家電	❶−23,25,44 ❹−22〜24,30,42,43
小型家電のリサイクル	❹−26〜29,42
小型家電マーク	❹−23
小型家電リサイクル法	❶−23 ❹−22,23,28,42
古紙	❶−24,25 ❷−8〜15,22,23,32,42,43
古紙の回収	❷−8,9,40,43
古紙の分別	❷−10
古紙のリサイクル	❷−11〜15
古紙ボード	❷−14,23
個人情報	❹−23,26
ごみ収集車	❺−10〜14,40,42

45

ごみ集積所	❺-8〜10,13,42	
ごみ処理にかかるお金	❺-40	
ごみ戦争	❶-20	
ごみの計量	❺-13	
ごみの収集	❺-10,41,42	
ごみの中身	❶-12,13	
ごみの量	❶-8〜11,40	
	❺-5,10,14,17,23,34,42,43	
ごみ発電	❶-27 ❺-20,21	
ごみピット	❺-14,15	
コンビニ（コンビニエンスストア）		
	❶-13	
コンポスト	❺-43,44	

さ

災害廃棄物	❶-34,35,44
最終処分	❶-8,24 ❺-6,32
最終処分場	❶-27,30,31,35,43
	❺-6,18,19,26,27,32〜41,44
最終処分場の跡地利用	❺-38
最終処分場の残余年数	❶-30
	❺-44
最終処分場の残余容量	❶-30
最終処分場のしくみ	❺-36
再生紙	❷-14,22,25,40,42
再生パルプ	❷-4,6,11,12,14〜16,23,42,43
産業廃棄物	❶-6,7,9,36 ❺-5
事業系廃棄物（ごみ）	❶-6 ❺-42
資源物（資源ごみ）	❶-24,25
	❷-8,10,20,32,37 ❸-8,14,18,36,37
	❺-6,9,30,31,42,43
資源有効利用促進法	❶-22,23
自動車（乗用車）	❶-16,17,20,42〜44 ❸-43 ❹-4,34〜41,43,44
自動車の数	❹-34
自動車のリサイクル	❹-36〜39,43
自動車リサイクル法	❶-23 ❹-36
自動販売機	❶-13
収集車	❺-10〜14,40,42
集積所	❺-8〜10,13,42
集団回収	❶-24 ❺-9,30,42
主灰	❺-12,18,19
シュレッダーダスト	❹-39
循環型社会形成推進基本法	

	❶-22,43
省エネ	❹-20,21,40
浄化槽	❻-23
焼却炉	❶-26,43 ❺-12,14〜20,32
浄水場	❻-6,8,10,12,13,16,18
上水道→水道を見よ	
食品リサイクル法	❶-23
食品ロス	❶-18,19,43
食料自給率	❶-19
浸出水	❺-36,37
新聞紙	❷-5,10 ❺-6
水銀	❶-20,27,32,42,43
	❹-32,43 ❻-44
水源林	❻-9,42
水質悪化	❻-36
水道	❻-5〜8,11,18,22,30,32〜34,42
水道水	❻-8,14
水道の配水	❻-18,19
水道の料金	❻-32,33
スーパー（スーパーマーケット）	
	❶-4,13,16 ❷-20
スチール	❸-14,16,23,43
スチールかん	❶-25 ❸-14,17〜19,22,23,43 ❺-30,31
スチールかんのマーク	❸-17
スチールかんのリサイクル	❸-22,23,43
スマホ（スマートフォン）	❶-37,44
	❹-5,24,26〜28,31,42,43
スマホのリサイクル	❹-26,27
生活用水	❻-20〜22
生活排水	❻-22
製紙工場	❷-7,8,9
清掃工場	❶-20,26,43 ❹-43
	❺-11〜14,16,17,20,24,27,32,35,39〜43
生物濃縮	❻-43,44
セルロースファイバー	❷-23
ゼロ・ウェイスト	❶-40
ゼロ・エミッション	❶-38
せんい	❷-6〜8,12,14,15,20,24〜30,32,36,42〜44
洗たく機	❶-16,17,43
	❹-4,5,8,12,13,22,42

洗たく機のリサイクル	❹-12,13
選別機	❺-27
粗大ごみ	❶-17,24
	❺-6,7,24〜28,42,43

た

ダイオキシン類	❶-27,43 ❺-17
大気汚染	❶-43 ❺-18
たい肥	❶-27 ❺-22,23
太陽光発電	❺-38
多分別	❺-7
ダム	❻-8,9,42
段ボール	❷-4,5,8,10,11,16,17,40,43
段ボールのマーク	❷-17
段ボールのリサイクル	❷-16
地球温暖化	❶-21,27,40,42〜44
	❹-7,16,20,40,44
地球環境	❶-22 ❹-44
中央管制室	❺-16
中間処理	❶-24 ❺-6,32
中古衣類（衣料）	❷-32,34,35
中水道	❻-30,31
ティッシュペーパー	❷-4,11,20,21
デポジット制度	❸-9,40,41
テレビ	❶-16,17,43 ❹-4,8,14,15,21,22,31,42
テレビのリサイクル	❹-14,15
電子ごみ	❶-37,44
電池	❶-25,43 ❹-22,26,27,30〜33,43 ❺-6
電池の種類と生産量	❹-30
電池のリサイクル	❹-32,33,43
天然せんい	❷-26,27,42
トイレットペーパー	❷-4,5,11,20,21,43
特別管理廃棄物	❶-6,7,24,32
都市鉱山	❹-24〜26,28,43
トレー	❶-4 ❸-24,29 ❺-4,30

な

生ごみ	❺-7,10,16,22,23,36,43
鉛	❶-27,32,37 ❹-32
二酸化炭素	❶-21,27,38,43
	❹-16,20,40 ❻-43

46

二次電池 ……… ❹−30〜32,43
布 ………………………… ❶−25
❷−26〜32,36,38,40〜42,44
布のリサイクル ……… ❷−30,41,44
熱利用（下水道） ……… ❻−29
熱利用（清掃工場） ……… ❶−27
❺−18,20,21
農業用水 ……………… ❻−4,6,20

は

バイオガス ……………… ❺−22,23
バイオハザードマーク ……… ❶−7
排ガス（排気ガス） ……… ❶−20,27,43
❹−43
廃棄物 ……… ❶−4,6〜9,22,25,26,32〜37,44 ❺−5,44
廃棄物処理法 ……… ❶−22,23,43
配水所（給水所） ……… ❻−18
破砕機 ……………… ❺−25,27
パソコン ……… ❶−25,37,44 ❹−28,29
パソコンのリサイクル ……… ❹−28,29
発電 ……… ❺−12,20,21,23,38,43
発泡スチロール ……… ❸−29
パルプ ……… ❷−6〜16,20,22,30,42
パルプモールド ……… ❷−23
反毛 ……… ❷−32,34,36,37,41,44
微生物の働き ……… ❶−38 ❻−24,25,43
飛灰（ばいじん） ……… ❶−25,27
❺−13,18,19
びん ……… ❶−25,36 ❸−42 ❺−6,7,9,30,31→ガラスびんも見よ
フードバンク ……………… ❶−19
フェルト ……………… ❷−36,37
不適正処理 ……………… ❶−37
ふとんのリサイクル ……… ❷−39
不法投棄 ……………… ❶−36,37
プラスチック ……… ❶−12,17,23,35,43
❸−12,18,24〜29,31〜35,38,39,43,44 ❻−38,39,44
プラスチック製品のつくり方 ……… ❸−26,27
プラスチックのつくり方 ……… ❸−26
プラスチック製容器包装 ……… ❶−23,25
❸−28〜31,43 ❺−30
プラスチック製容器包装の回収
……… ❸−28,29
プラスチック製容器包装のリサイクル
……… ❸−30〜33,43
プラマーク ……… ❸−28,29,44
古着 ……… ❷−30,32,35〜38,41,44
フレーク ……… ❸−32,33,39,43,44 ❺−31
フロン類 ……… ❶−21,32,43
❹−7,16,18,19,36,44
分別 ……… ❶−24,29,40 ❹−43
❺−6,7,9,30,42〜44
ペットボトル ……… ❶−25,36 ❷−18,27
❸−4,8,26〜28,30,34〜39,43,44
❺−4,6,9,30,43
ペットボトルのゆくえ ……… ❸−36
ペットボトルのリサイクル ……… ❸−36〜39,43
ヘドロ ……………… ❻−37
ペレット ……… ❸−26,33,39,43,44 ❺−31
ポイ捨て ……… ❶−36 ❻−40

ま

マイクロプラスチック ……… ❻−38〜40,44
マテリアルリサイクル ……… ❸−44
丸正マーク ……………… ❸−5
水資源 ……………… ❻−42
水の大循環 ……………… ❻−4,5
水俣病 ……… ❶−20,42 ❻−44
メタンガス ……… ❶−21,27 ❺−22,23,36,43 ❻−27,43
モバイル・リサイクル・ネットワークのマーク ……… ❹−26
燃やさないごみ ……… ❶−12,24,25
❺−6,27,32,41,43
燃やすごみ ……… ❶−12,24,25 ❷−44
❺−6,16,41,43

や

有害なごみ ……………… ❶−32,33
有料収集 ……………… ❺−40,41
容器包装リサイクル法 ……… ❶−23,44
❸−28,29,36
洋紙 ……………… ❷−42,43
用水 ……………… ❻−6
溶融スラグ ……………… ❺−19

ら

リサイクル（再生利用）
❶−14,15,22,23,28,37 ❸−40
→それぞれの項目のリサイクルも見よ
リサイクルセンター ……… ❺−28,30,43
リターナブルびん ……… ❸−8〜10,40,42
リターナブルびんのマーク ……… ❸−8
リデュース（発生抑制）
❶−40 ❷−37,40,41
リペア（修理） ……… ❺−29
リユース（再使用）
❶−4,14,37,40,44 ❷−34〜37,40,41,44 ❸−40〜42 ❹−9,34,38,43
❺−28,29
レアメタル ……………… ❶−44
❹−24〜27,32,42,43
冷蔵庫 ……… ❶−12,16,17,21,37,43 ❹−4,6〜8,18,19,21,22,42,44
冷蔵庫のリサイクル ……… ❹−18,19
冷媒 ……… ❶−43 ❹−6,7,16,18,19,44
レジ袋 ……… ❶−17 ❻−40

わ

和紙 ……… ❷−24,25,42,43
ワンウェイびん ……… ❸−8〜10

英・数

3R ……… ❶−40 ❷−37,40,41 ❹−40
PCB（ポリ塩化ビフェニール）
❶−7,21,25,32,43 ❻−38,43
PET樹脂 ……… ❷−27
❸−34,35,38,39,43 ❺−31
RPF ……… ❷−22

松藤 敏彦（まつとう　としひこ）

1956年北海道生まれ。北海道大学卒業。廃棄物工学・環境システム工学を専門とする。廃棄物循環学会理事(元会長)。工学博士。北海道大学教授。ごみの発生から最終処分まで、ごみ処理全体を研究している。主な著書に、『ごみ問題の総合的理解のために』（技報堂出版）、『環境問題に取り組むための移動現象・物質収支入門』（丸善出版）、『環境工学基礎』（共著・実教出版）、『廃棄物工学の基礎知識』（共著・技報堂出版）など多数ある。

文	大角修
表紙作品制作	町田里美
イラスト	大森眞司
撮影	松井寛泰
デザイン	倉科明敏（T.デザイン室）
DTP	栗本順史（明昌堂）
校正	鷹羽五月
企画・編集	渡部のり子・伊藤素樹（小峰書店）／大角修・佐藤修久（地人館）
協力	横浜市西谷浄水場／横浜市北部第二水再生センター・北部汚泥資源化センター
写真提供	一般社団法人おきのえらぶ島観光協会／香川県／公益財団法人かながわ海岸美化財団／独立行政法人国際協力機構／一般社団法人JEAN／東京都水道局／東レ株式会社／戸田建設株式会社／日本ヒューム株式会社／富士市／横浜市

主な参考文献

環境省編『環境白書・循環型社会白書・生物多様性白書』『一般廃棄物処理実態調査結果』『環境統計集』『指定廃棄物の今後の処理の方針について』／松藤敏彦他『環境工学基礎』（実教出版）／松藤敏彦『ごみ問題の総合的理解のために』（技報堂出版）／廃棄物・3R研究会『循環型社会キーワード事典』（中央法規出版）／エコビジネスネットワーク（編集）『絵で見てわかるリサイクル事典—ペットボトルから携帯電話まで』（日本プラントメンテナンス協会）／高月紘『ごみ問題とライフスタイル—こんな暮らしは続かない』（日本評論社）／長澤靖之『上下水道がわかる』（技術評論社）／高堂彰二『トコトンやさしい下水道の本』（日刊工業新聞社）／半谷高久監修『環境とリサイクル全12巻』（小峰書店）

調べよう　ごみと資源⑥
水道・下水道・海のごみ

NDC518　47p　29cm

2017年4月8日　第1刷発行　　2017年10月30日　第2刷発行

監修	松藤敏彦
発行者	小峰紀雄
発行所	株式会社小峰書店　〒162-0066 東京都新宿区市谷台町 4-15
	電話 03-3357-3521　FAX 03-3357-1027　http://www.komineshoten.co.jp/
組版	株式会社明昌堂
印刷・製本	図書印刷株式会社

©2017 Komineshoten Printed in Japan　　ISBN978-4-338-31106-9
乱丁・落丁本はお取り替えいたします。
本書のコピー、スキャン、デジタル化等の無断複製は著作権法上での例外を除き禁じられています。本書を代行業者等の第三者に依頼してスキャンやデジタル化をすることは、たとえ個人や家庭内での利用であっても一切認められていません。